Gralou Marcelle GUIDE

LA VOIX DE DIEU

Gralou Marcelle GUIDE

LA VOIX DE DIEU

De la mort à la vie

Éditions Croix du Salut

Imprint

Cover image: www.ingimage.com

Publisher:
Éditions Croix du Salut
is a trademark of
Dodo Books Indian Ocean Ltd., member of the OmniScriptum S.R.L Publishing group
str. A.Russo 15, of. 61, Chisinau-2068, Republic of Moldova Europe
Printed at: see last page
ISBN: 978-613-7-36368-3

LA VOIX DE DIEU

De la mort à la vie

Gralou, tel a été le prénom qui m'a été donné, un prénom que je détestais par-dessus tout! Mes parents m'ont donnés un petit nom de caresse qui est: Pamela. Je l'ai d'ailleurs très vite adopté du coup, tout le monde m'appelle jusqu'aujourd'hui comme cela, c'est beaucoup plus sympas et glamour que Gralou me disais-je.

Gralou, signifie; celui qui arrache et domine celui qu'on veut suivre. Finalement, je l'aime beaucoup! Je n'en connaissais pas la signification jusqu'à peu de temps. Née en Côte d'Ivoire, j'ai vécu mes trois premières années de vie dans un village appelé ZOA d'ethnie Bété en compagnie de ma grand-mère qui m'a élevée. Une naissance bien attendue car je me suis faite désirée durant trois jours avant ma venue au monde ce fût un accouchement très pénible m'a rapporté mon père.

Me voici du haut de mes trois ans foulant la terre de France rejoindre mes parents déjà installés, du peu que je me souvienne nous formions une belle famille avec mes trois grands frères et ma petite sœur qui venait de naître. J'étais si heureuse de retrouver mes parents mes frères et ma sœur nous étions tous réunis j'aimais surtout être sur les épaules de mon papa lorsque nous allions faire les courses. Ce magnifique portrait de famille ne dura hélas pas longtemps car une tragédie arriva, mon père fut mis en prison durant plusieurs années et contraint de quitter le territoire français laissant femme et enfants, se sépara de ma mère par la suite et ne voulut plus jamais entendre parler de la France. Ce fût une période bouleversante pour ma mère et nous elle sut tout de même y faire face. Contrainte de trouver un autre logement, nous déménageâmes.

Voici, après des lieux d'habitations ici et là à Neuilly-Plaisance une ville comme le nom l'indique très plaisante .Nous vivions dans un quartier nommé les Cahouettes. Nous y vivions avec ma petite sœur et ma mère, que de souvenirs joyeux mais aussi très douloureux car c'est à Neuilly – Plaisance que ma vie a chamboulé je venais de perdre ma mère plusieurs années après que nous fûmes installées c'était une tragédie de trop; mon père qui nous quitte, puis là survint le décès de ma mère j'étais complètement perdue. Ma mère qui s'était tant battu afin de nous donner à ma sœur et moi une stabilité. Les soucis ont eu raison d'elle. De plus, elle avait fait la rencontre d'un homme qui était très violent la rouait de coups devant ma sœur et moi jusqu'à un jour elle tomba inconsciente devant moi je n'avais que 12 ans, j'appela les pompiers avec le fixe de la maison. Cette fois les coups lui ont laissés des séquelles irréversibles qui nous a pris notre maman pour toujours notre seul repère notre douce maman celle qui nous apportait sécurité et joie malgré tout. Avant que la mort de maman ne survienne j'étais en haute Savoie chez l'amie de maman car je devenais têtue et ingérable ne sachant plus quoi faire, elle m'envoya quelques temps vivre chez son amie c'est là-bas que je fis ma première expérience spirituelle.

Un soir, pendant mon sommeil, je fis un rêve; je vis mes deux cousines en pleurs qui m'annonçaient le décès de leurs mère, puis au même instant je fus basculé dans un lieu sombre je pouvais entendre les gouttes d'eaux et sentir cette atmosphère ténébreuse, j'aperçus une silhouette tout de noir vêtu tenant une arme à feu dans les mains et tira en direction de ma mère dans la tête précisément et ma mère tomba morte. J'étais âgée à cette époque de 13 ans et je ne comprenais pas grand-chose à tout cela. Quelques jours après, maman me téléphone pour savoir comment je vais et m'annonce que mes cousines ont perdues leurs mère! Alors je comprends que le rêve que j'ai fait n'était pas simplement qu'un rêve et que certainement si mes cousines ont perdues leur mère, il était fort probable que je perde la mienne aussi.

Je n'avais pas les mots pour exprimer tout cela à maman et espérai que rien de ce que j'avais vu en rêve n'arrive à ma mère. Toute fois je lui ai dit je me souviens comme si c'était hier!: «Maman, si tu meurs, je meurs je vais me suicider!» Elle me répondit: «Si je meurs, tu dois vivre!» C'étaient les dernières paroles échangées avec maman. Puis elle s'en est allée suite à une rupture d'anévrisme. Je n'avais plus goût à rien tout ce que je voulais était de rejoindre ma mère mais forcer de constater que je n' ai pas trouver le courage de mettre fin à mes jours alors à défaut je me détruisais autant que je le pouvais, je fis la connaissance de jeune filles qui étaient livrées à elles-mêmes dans les rues de Paris, alors cela me paraissait tomber à pique et me permettais de m'évader, je bravais tous les interdits puisque de toute façon la personne à laquelle je tenais le plus s'en était allée. Je me suis mise à fumer et consommé beaucoup d'alcool j'enchaînais les conquêtes je n'avais aucun respect pour les autorités, je fis même un tour en prison à la maison d'arrêt pour femme de Fleury - Mérogis à l'âge de 15ans. La mort ne m'effrayait pas car je n'avais rien à perdre; c'est comme si je la poursuivait mais rien à faire quoi que je fasse j'étais toujours en vie.

Ce chemin me mena tout droit vers la descente aux enfers le trou le plus profond. De ce fait, je devins folle, prise de démence et de délire ma vie était si malsaine jusqu'à aujourd'hui je reconnais que je suis une vraie miraculée! J'avais vécu et fais des choses qu'une gamine de mon âge n'aurait pas dû faire et vivre.

Me voici donc réellement livré à moi, seule, face à mes démons. D'innombrables voix raisonnaient dans ma tête il est clair que c'était démoniaque j'en perdais le sommeil et je pesais à peine 40 kg tellement j'étais amaigris, j'avais l'aspect d'une toxicomane voir sidéenne c'était affreux j'étais méconnaissable je devais avoir entre 17 ET 18 ans. Je pouvais voir les esprits des démons au travers des gens, c'était affreux digne d'un film d'horreur; hélas si seulement c'était un film, mais ce n'était pas le cas.

Je pouvais ressentir une telle douleur en moi j'étais désespérée personne ne pouvait guérir mon âme accablée de douleurs et de souffrances j'avais l'impression d'être une morte vivante errant tel un animal. Ma famille me fuyait on avait peur de m'approcher car je pouvais devenir très violente. Je me sentais seule abandonné. Après la mort de maman la grande sœur de maman nous a prise chez elle et ne sachant comment gérer ma situation de démence m'a fait interner car la situation devenait très critique. Je me souviens pendant mon internement on m'avait donnés par les professionnels des médicaments tellement lourds je tenta de m'évader en faisant le mur et pendant que les agents me courraient après je perdis l'usage de mes jambes comme paralysé un épisode qui m'a marqué.

C'est à cette période chaotique de ma vie que j'ai crié du plus profond de mon être à Dieu! J'ai crié vers mon Dieu et il m'a répondu.

Psaumes 50 Verset 15.

Avant tout j'aimerai souligner que rien ce arrive au hasard. J'ai donc crier à Dieu ce fut le début d'une belle rencontre progressive avec mon créateur le maître de l'univers celui qui règne à jamais. Petit à petit après un lourd combat je me suis rétablis et ont commencer bout à bout des conversations avec Dieu.

DIEU? Oui DIEU! Dieu parle! Tout d'abord laissez-moi vous dire que le monde surnaturel existe et il y a un mur dimensionnel entre le monde dit rationnel et spirituel (irrationnel) seul le monde des esprits ont accès à cette dimension car l'homme ne peut les supporter ,à moins de devenir fou ou être correctement initié mais là encore c'est un terrain très glissant! Donc comme je vous le disais, ce mur est la limite entre notre monde et celui des esprits mais ces esprit peuvent accéder à notre monde à défaut de l'Homme. Dieu me dit qu'une bataille se faisait pour mon âme et que Dieu en personne n'a pas permis que les démons prennent mon âme car a-t-il ajouter: «tu m'appartiens!»

WOUAOU! je vous exprime ce que j'ai vécu c'était un privilège pour moi je pouvais parler avec Dieu en plus de cela c'est comme si on fusionnait par pensées dès que je pensais à une situation, il me rassurait et me prédit ce que je devais faire dans l'avenir c'est-à-dire le servir. Dieu m'expliquait que je ne devais m'attacher à rien et que je ne faisais pas parti de ce monde je n'avais encore jamais lu la bible, Jean 15 Verset 19: Matieu16 verset 24. Il me disait aussi qu'il fallait garder un cœur pur Proverbes 4 Verset 23. Car le cœur est précieux à ses yeux et quand je faisais du bien il y a la Paix qui s'installe Galates 6 Verset 9. Dieu me dit également qu'il faut s' assurer d'être en paix avec son prochain cela apporte la paix du cœur Romains12 Verset 18.

Dieu me dit aussi que la vie est comme un film au reflet miroitant c'est comme une espèce d'illusion Jacques 4Verset 14 c'est à dire ce n'est pas le monde réel c'est pourquoi lorsqu'on meurt nous n'emportons rien car nous somme immatériel le vrai monde est celui des esprits c'est la raison pour laquelle il m'a dit de ne m'attacher à rien car mon moi intérieur c'est lui le véritable être donc je devais m'exercer à ne pas m' attacher pour ne pas me corrompre c'est-à-dire sombrer dans les convoitises de ce monde et y laisser mon âme périr car ce monde est régis pour que l'homme soit constamment dans l'accomplissement de ses propres désirs charnel en quête de satisfaction perpétuelle. C'est pourquoi Dieu m'a dit: «la vie est comme un film on pense que c'est réel mais non ce qui est réel est le monde des esprits.»

Car Dieu, connaît la fin de tout mais l'homme est en apprentissage permanent dans une vie dont il ignore les mystères et principes donc on croit contrôler mais on ne contrôle rien jusqu'au jour où Dieu entre en scène et réalise le film afin d'avoir une vie après la mort avec Dieu. L'homme intérieur le véritable être est celui que Dieu veut que nous fassions ressortir mais sans Dieu c'est quasi impossible cet être est spirituel alors il faut dissiper l'être charnel et nourrir l'être intérieur afin qu'il grandisse et se manifeste! Ainsi, nous pourrons faire face aux pièges de la vie non pas les évités mais y faire face! Cette expérience de parler avec Dieu était le plus beau cadeau que la vie puisse m'offrir. C'est vrai il a fallu bien de tourment pour avoir ce privilège de communiquer avec Dieu mais malheureusement c'est dans la douleur la plus part du temps que nous sommes le plus conscient et disposé. Dieu utilise cela pour parler à notre esprit (notre cœur) Dieu est plus réel que vous et moi. Dieu m'a fait savoir que je lui appartenait c'est-à-dire que j'étais consacré à lui raison pour laquelle tous ces tourments ont surgis afin d'empêcher le but pour lequel j'existais mais Dieu me dit il n'a pas permis que je me perde car je suis de Dieu Romains 8 verset 28. Alors Dieu me ramena au film de ma vie de mon enfance jusqu'au moment où il me parla. Effectivement des signes présageaient mon appartenance à Dieu j'eus une vision d'un lion, le Lion dans la bible qui est représenté pour décrire une des caractéristiques de Jésus; le Lion de la tribu de Juda. Lorsque j'avais à peu près (5 ans) dans la cuisine de mes parents mais personnes ne m'a vraiment écouté puis, le rêve que j'avais fait en haute Savoie, parfois lorsque je voulais suivre les mêmes pratiques que mes copines j' avais l'impression que moi c'était toujours compliqué comme pour les piercings mon nez se bouchait toujours et pour les tatouages toujours des évènements qui ont fait que jusqu'aujourd'hui je ne me suis pas tatoué ,le cannabis idem je voulais fumer comme mes amis mais moi cela m'a porter préjudice … c'est de cette façon Dieu me fit comprendre que j'étais consacré à lui raison pour laquelle j'étais différente et c'est vrai car au fond de moi je me sentais différente mais je ne savais pas d'où provenait ce sentiment.

La voix de Dieu m'accompagnait partout, elle ne me parlait pas tout le temps mais assez pour que cela soit devenu comme un petit rituel et surtout quand j'étais seul et dans le calme. Dieu m' a dit que j'allais le servir vers l'âge de trente ans et quand j'ai demandé pourquoi pas avant il m'a répondu que je devais être préparer afin de faire vraiment ce que Dieu attend de moi. Il faut savoir que l'être humain a besoin de

Dieu pour être en Paix avec soi, car rien ici-bas ne peut procurer la Paix véritable. Lorsque j'ai perdu maman je me disais, si j'ai des enfants cela comblera le vide j'ai eu les enfants mais cela ne l'a pas combler on se dit si j' ai ceci ou cela je serai heureux (se) la vérité est que rien d'extérieur ne rend heureux (se) c'est ce qui vient de l'intérieur la connaissance du divin qui rend heureux et donne la Paix véritable. Le bruit, oui le bruit de la détresse, le bruit de l'amertume, le bruit de la colère, le bruit de l'incrédulité, le bruit de la jalousie, le bruit de l'arrogance, le bruit de la convoitise, le bruit de la méchanceté, le bruit du manque d'amour … empêche d'entendre la vérité et de percevoir la beauté de Dieu et de son existence en nous car nous sommes trop occupés à chercher la solution à nos problèmes en pensant que c'est quelqu'un qui détient la clé de notre bonheur or si nous acceptons de prendre quelques minutes pour faire le vide, laisser notre homme intérieur s'exprimer, nous réaliserons que nous ne sommes pas démunis! Bien au contraire nous sommes dotés de pouvoirs extraordinaires! Le mal est conçu pour semer le doute, la confusion dans notre esprit afin que nous restions dans l'ignorance et prisonnier dans notre esprit, une prison illusoire dont nous sommes les seuls qui détenons la clé cette clé; est la prise de conscience de notre être spirituel et de Dieu en nous. Par la suite, je cheminais pas à pas ma vie jusqu'à ma fameuse rencontre avec le ROI des Rois Jésus–Christ le Fils du Dieu vivant car il faut savoir que bien que Dieu me parlait je ne cessa pas de pécher; la voix de Dieu était comme un guide mais je me disais que c'est Dieu tout simplement mon papa , et que je pouvais malgré tout, tant que je faisais du bien autour de moi vivre selon les désirs de mes passions; après tout Dieu m'a sauvé de la maladie donc ça ira. Mais je n' étais pas à l'aise dans la voie que je suivais, je n'étais plus délinquante mais je sortais en boîte de nuit avec mes amis chez moi tout le monde venait je pratiquais les relations hors mariage j'étais comme partagé ,d'un côté j'avais ce sentiment de mal faire et d'un autre je me disais; Dieu m'aime et tant que je me sens bien Dieu sera bien et que l'enfer ne peut exister car Dieu nous aime. Jusqu'à ce que ce sentiment de tristesse m'envahis, je commençais a envisagé de prendre des décisions sur ma manière de vivre et me séparer de ma relation toxique dans laquelle j'étais durant cette période. Je fus invitée dans une assemblée évangélique et lorsque j'entendis le pasteur prêché c'est comme si je reconnus la Parole de mon Père, Dieu! Ce fus comme une évidence Dieu était là! Le pasteur parlait de Jésus et je me suis retrouvée complètement, je continuais à fumé malgré tout la cigarette et ce sentiment lorsque je fumais devenais de plus en plus fort c'est comme si j'attristai Dieu quand je détruisais mon corps: 1 Corinthiens 6 verset 19. Un jour, en faisant ma vaisselle, j'eus un ardent désir d'arrêter la cigarette alors comme une prière j'ai exprimé ma volonté d'arrêter de fumer j'ai commencé à invoqué le nom de Jésus comme dans ce passage où le lépreux dit à Jésus: «Si tu veux Seigneur, tu peux me rendre pur ». Et le Seigneur répondit au lépreux; « je le veux!». Le lendemain je ne fumais plus! comme si cela n'avait jamais été le cas dans ma vie comme lorsque qu'on déracine un mal c'était extraordinaire! Jean 6 verset 44.

Ce fut là une révélation de plus! La voix de Dieu si réconfortante qui parlait à mon cœur était celle du Christ! «Mes brebis entendent ma voix; je les connais, et elles me suivent.» Jean 10 verset 27. C'est à cet instant que les liens de la servitude furent rompus. J'ai eu un ardent désir de me séparer de mes mauvaises pratiques de les abandonnées ce fut sous forme de processus mais l'Esprit de Dieu l' a fait, je réalisais quelle merveilleuse créature j'étais et pour la première fois je pouvais voir comment Dieu me voyait j'avais de la valeur à ses yeux une valeur inestimable qu'aucun milliard de dollars ni d'euros ne pouvaient acheté aucune or ,aucun diamant ,aucune pierre précieuse. Je valais et je vaux plus que tous cela aux yeux de Dieu. Cela m'a suffis pour ne plus me permettre de détruire l'être magnifique crée à l'image de Dieu que j'étais, je fus guéri et ai enfin trouvé un sens à ma vie et c'est à l'âge de 32 ans que je réalisai cela. Si j'écris cet ouvrage c'est pour que des millions de personnes sachent que Dieu existe et nous aime par-dessus tout! Même au fin fond des abîmes Dieu ira te cherché car tu es précieux à ses yeux n'en doute jamais! Comme Dieu me l'avait dit je le sers aujourd'hui et j'en suis honorée. J'étais morte et grâce à Dieu je suis revenue à la vie. Aujourd'hui mes douleurs passés Dieu les a portés et m'a donné l'opportunité d'écrire une nouvelle histoire pour ma vie parfois c'est vrai il y a des hauts et des bas mais je ne veux plus jamais me dévaloriser comme je l'ai fait lorsque je ne connaissais pas Dieu. Avec Dieu à nos côtés, nous pouvons surmonté l'épreuve et c'est cela qui est beau sans se dévalorisé il y a beaucoup de choses que je n'ai pas dit dans ce livre mais imaginer une jeune fille de 13 ans livrée à elle-même dans ce monde de brutes les déceptions rencontrées, les fois où j'ai été abusé moralement, sexuellement et j'en passe à l'âge de 16 ans, j' ai fait la rencontre d'un homme âgé de 26 ans pensant que j'avais trouvé l'amour quelqu'un qui essuierai toutes mes larmes des souffrances passées et qui me comprendrai. mais ce n'était pas le cas, bien au contraire, je fus une proie pour cet homme, naïve que j'étais il me manipulait et étais l'objet de ses désirs et fantasmes lorsqu'il se mettait en colère j'avais droit à des coups et d'être asperger de bombe lacrymogène puis enfermer dans le local poubelle. Un jour, lorsque je commençais à entrer en dépression pensant désespérément me faire aimer par cet homme, un jour peut-être j'étais aller le voir il s'est mis dans une violente colère car ne supportant pas de me voir aussi faible selon ses propos, s'est mis à me battre étant par terre il s'apprêtait à uriner sur moi lorsqu' un de ses ami lui fasse réaliser qu'il allait trop loin. Si je partage cet épisode de ma vie dans ce livre ce n'est pas pour juger cette personne mais pour que vous réalisiez à quel point je me dévalorisais et avais peu d'estime de ma personne, cet homme, je lui ai pardonné depuis longtemps mais c'est moi à qui j'en ai voulu accepté qu'on me méprise à ce point. Aujourd'hui, grâce à Dieu j'ai fait la paix avec moi et je bénis Dieu d'avoir rendu cela possible.

La douleur a été pour moi une opportunité que j'ai saisie pour changer le mal en bien et de ne pas me laisser déformer par la douleur mais au contraire servir de témoignage afin de donner de l'espoir à une personne; quand la nuit tombe le jour fini par se levé car à chaque jour suffit sa peine. Cela m'a aussi permis de me connaître encore et de peser le pour et le contre pour ma vie de faire une introspection et me poser les bonnes questions pour avancer. Dieu était présent pour me guider vers sa merveilleuse lumière il ne faut pas attendre qu'il soit trop tard mais pendant que nous avons la vie cette lumière peut nous éclairer elle peut nous orienter vers un avenir meilleur aujourd'hui toutes ces péripéties m'ont fait grandir et surtout comprendre que j'ai le droit d'être heureuse j'ai le droit de vouloir le meilleur pour moi et ma famille et que je ne suis pas une victime mais que je peux reprendre la route de ma vie en prenant de la hauteur sur les pièges de la vie en décidant d'aspirer au bonheur et surtout cela m'a révélé à quel point j'étais forte car Dieu était avec moi durant cette traversée du désert je suis sortie forgée comme cet adage qui dit c'est en forgeant qu'on devient forgeron.

Ce qui a fait de moi la femme que je suis aujourd'hui rempli de courage et de détermination. Parfois nous pensons que les épreuves sont trop difficiles à surmontés mais ils ne font que ressortir le héros en nous; l'homme persévérant et vaillant; des qualités enfouis qui surgissent au moment opportun; il ne faut jamais regretter mais accepté d'avancer selon ce que nous avons retenue des leçons requises de ces épreuves.

Parfois nous avons une opinion tellement négative de nous-même où trop optimiste alors que nous avons besoin d'équilibre afin d'être en phase avec soi. Après la pluie vient le beau temps, aujourd'hui, mes regards se tournent vers un avenir lumineux distribuant autour de moi à chaque occasion un torrent d'amour. Qu'est- ce que l'homme sans amour? Rien!

L'amour est la clé vers une Paix intérieur; savoir aimer à la façon de Dieu. Pour cela, il faudrait se rapprocher de Dieu. Dieu est la source de tout en tout c'est tellement magnifique de lui ouvrir son cœur, je vous mets au défi de tenter l'expérience et vous m'en donnerez des nouvelles si vous n'êtes pas transformés après avoir ouvert votre cœur à Dieu. Dieu se soucis de chaque être humain de nos peines, notre joie, notre état d'être, nos besoin, notre cœur.

Il nous aime au-delà de ce que nous pourrions imaginer il est prêt pour chacun de nous mais nous, sommes-nous prêts a passer de l'autre côté de cette dimension inconnue? Où nous n'avons aucun contrôle et cédons la place à Dieu pour nous éclairer et enfin lâchés prise? Dieu n'attend que ça que nous lui fassions pleinement confiance. Durant toute ma jeunesse j'ai été à la poursuite de quelque chose d'insaisissable qui dépassait ma perception pensant la trouver chez les hommes mais il n'en était rien de cela! Dieu est le seul à pouvoir combler le vide d'une personne. Au fait ce que je cherchais c'était moi-même pensant que j'étais perdue; Dieu m'a retrouvé, aimé, et valorisé. Une expérience extraordinaire! La tempête s'est calmée, je prends le temps maintenant de savourer chaque moment que la vie a de précieux à m'offrir en étant gratifiante de ce processus miraculeux qui est la vie. Oui la vie est un apprentissage, une école, et Dieu est le professeur car il est le créateur de la vie qui d'autre peut mieux nous enseigner si ce n'est le créateur lui-même? Alors oui la vie peut se montré parfois très dure mais elle peut se montré très généreuse tout dépend de comment nous la percevons. L'homme a besoin d'un grand travail intérieur sans ce travail, il lui est difficile de se retrouver.

Le temps est passé la douleur s'est atténuée, la mort de maman est l'espoir de prochains retrouvailles de l'autre côté; en attendant, je vis! Plus question de mourir mais je me donne le droit de vivre chaque jour pleinement en contemplant la beauté de la vie dans ses aspects car c'est un précieux cadeau. Je n'aurai jamais imaginer que je trouverai le calme dans ma vie car les bruits de mes douleurs étaient si forts si profonds je cherchais la mort je me considérai comme morte j'avais une opinion de moi tellement mauvaise c'était horrible! Comment peut- on se haïr à ce point? Ce que j'aime avec Dieu c'est l'amour qu'il nous porte malgré tout et cet amour qu'il a eu pour moi m'a ouvert les yeux! C'est tellement magnifique. Percevoir la lumière lorsque tout semblait s'assombrir fût le début d'une nouvelle histoire ensoleillée car j'ai compris que je pouvais reprendre une nouvelle route, un chemin nouveau plein d'espoir et de bienveillance pour ma personne et que ma vie ne se résumait pas à la souffrance et à l'abandon tout commence dans l'esprit et comment nous percevons les choses. J'ai compris que je n'étais pas condamnée à la souffrance, au mépris, à l'échec mais que quoi qu'il arrive je peux me relever et décider d'avancer avec foi, courage et détermination. L'amour est le moteur de réussite; sans amour il n'y a pas de victoire, c'est l'amour le moteur mais l'amour selon Dieu car au fond est ce que l'homme connaît l'amour? l'Amour, est inconditionnel il est! Tout simplement. Par lui tout subsiste et demeure éternellement; l'Amour ne se lasse pas, ne se fane pas, l'Amour ne ment pas, l'Amour est fidèle, l'Amour est Dieu. Lorsque nous faisons la rencontre de l'Amour tous prend son sens véritable nous avons un meilleur regard sur nous-même et de la bienveillance sur nous et envers notre prochain comment se sentir utile lorsque nous nous sentons inutile? Tout simplement parce que nous manquons d'amour pour nous-même et espérons être utile cela ne fonctionne pas. Apprenons à nous aimer, oser se regarder dans un miroir et s'apprécier sans tomber dans l'exagération ou l'imbue de sa personne mais tout simplement s'aimer, se pardonner, cultiver la gratitude d'être un océan d'amour pour ensuite se rendre utile. Travaillons en nous pour nous et pour les autres. Cet épisode de ma vie m'a aidé à tourné mes regards vers l'essentiel de la vie qui est; la Paix intérieur. Je vous souhaite de trouver cette Paix si ce n'est pas encore le cas.

Cette Paix se trouve en Jésus-Christ et je n'ai pas honte de le témoigner! La Paix bannit la peur, le doute donne la conviction, affermit la Foi pour ensuite faire de nous des héros de la Foi de ce fait, nous donne la force de surmonter les tourbillons de la vie.

L'homme court, il court après le vent car on ne peut saisir le mystère de la vie si ce n'est-elle qui décide de nous révéler ce qu'elle veut bien nous révéler pour cela il faut faire la Paix avec soi.

Aujourd'hui mariée à un homme formidable maman de 4 magnifiques enfants je remercie Dieu.

Ainsi je suis passé de la mort à la vie! Comme maman me l'a dit ce fameux jour au téléphone: «Si je meurs, tu dois vivre!»

Aimez Dieu, car il vous aime!

Je vous aime également merci à vous!

Gralou Marcelle GUIDE

MIX
Papier | Fördert gute Waldnutzung
FSC® C083411

Kolibri 360 GmbH
Ferdinand-Jühlke-Straße 7
99095 Erfurt, Deutschland
produktsicherheit@kolibri360.de

Druck:
CPI Druckdienstleistungen GmbH
im Auftrag der
Kolibri 360 GmbH
Ferdinand-Jühlke-Str. 7
99095 Erfurt